U0196073

图书在版编目（CIP）数据

蝶和蛾的"大眼睛" / 王瑜著 . -- 上海：少年儿童
出版社 , 2024. 11. -- (多样的生命世界). -- ISBN 978-7-
5589-1986-2

Ⅰ . Q969.42-49

中国国家版本馆 CIP 数据核字第 2024VS1548 号

多样的生命世界·萌动自然系列 ①

蝶和蛾的"大眼睛"

王 瑜 著
萌伢图文设计工作室 装帧设计
黄 静 封面设计

策划 王霞梅 谢瑛华

责任编辑 谢瑛华 美术编辑 施喆菁
责任校对 黄亚承 技术编辑 陈钦春

出版发行 上海少年儿童出版社有限公司
地址 上海市闵行区号景路 159 弄 B 座 5-6 层 邮编 201101
印刷 上海雅昌艺术印刷有限公司
开本 787×1092 1/16 印张 2.5 字数 8 千字
2025 年 1 月第 1 版 2025 年 1 月第 1 次印刷
ISBN 978-7-5589-1986-2/N·1309
定价 42.00 元

本书出版后 3 年内赠送数字资源服务

上海科普
Shanghai Science
Popularization

上海市科委科普项目资助
（项目编号：23DZ2302700）

多样的生命世界 ◐ 萌动自然系列 ①

蝶和蛾的 "大眼睛"

◎ 王 瑜 / 著

我是动动蛙，欢迎你来到"多样的生命世界"。现在，就跟着我一起去探索蝶和蛾的世界吧！

密码：dydsmsj#52Linchimu

少年儿童出版社

会飞的花

蝴蝶被称为最漂亮的昆虫，它们长着两对翅，一般来说，前面的一对翅较大，呈不规则的三角形；后面的一对翅较小，大多呈扇形。蝴蝶的翅上面常常带有各种各样的颜色和花纹，它们在空中飞舞时，身形随着蝶翅一开一合，飘忽不定，上下翻飞，好像在翩翩起舞，难怪有人说它们是"会飞的花"。

卷卷吸管

我的舌头也能打卷哦！

感知味觉

伸展喙管

吸食花蜜

人们常常能看见蝴蝶喜欢在花丛中飞舞，这是因为它们大多以吸食花蜜为生。蝴蝶的"嘴"就像一根细长的吸管，平时蜷曲起来。吸食花蜜时，无论花朵里的花蜜藏得多深，蝴蝶都能把蜷曲的吸管展开伸直，深深地插到花蕊里去吮吸。

昆虫的口器

　　蝴蝶的"卷卷吸管"叫作"口器"。所有昆虫都有口器，它是昆虫的摄食器官，有的也具有感觉作用。口器由许多小"零件"组成，经过漫长的自然演化，形成了五大类不同形式、功能各异的口器。

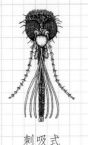   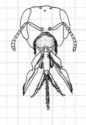 

刺吸式　　　　虹吸式　　　　咀嚼式　　　　嚼吸式　　　　舔吸式

以下这些昆虫的口器分别
是哪一类呢？

03

萌懂
一刻 ◔

去小程序
查答案，
看看你答
对了吗？

鳞翅目家族

蝴蝶还有一大群"近亲"——蛾，蝶和蛾共同组成了鳞翅目昆虫大家族。顾名思义，"鳞翅"指向了它们的最大特点，就是翅上布满密密麻麻的小鳞片。

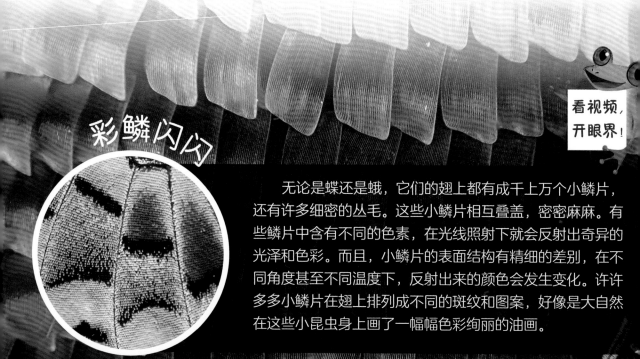

彩鳞闪闪

看视频，开眼界！

无论是蝶还是蛾，它们的翅上都有成千上万个小鳞片，还有许多细密的丛毛。这些小鳞片相互叠盖，密密麻麻。有些鳞片中含有不同的色素，在光线照射下就会反射出奇异的光泽和色彩。而且，小鳞片的表面结构有精细的差别，在不同角度甚至不同温度下，反射出来的颜色会发生变化。许许多多小鳞片在翅上排列成不同的斑纹和图案，好像是大自然在这些小昆虫身上画了一幅幅色彩绚丽的油画。

防雨装

蝶和蛾翅上的鳞片中都含油性脂肪物质，能够隔绝水分。所以，就算在下小雨或者潮湿的天气里，蝶与蛾铺满鳞片的翅也不会被打湿，照样能翩翩飞舞。

色香俱全

正是由于鳞片闪出的鲜亮颜色，许多蝶和蛾看上去色彩鲜艳，非常漂亮。有些雄蝶的鳞片还和体内的分泌腺相连，展翅飞舞时，能发出特殊的气味，以吸引雌蝶。

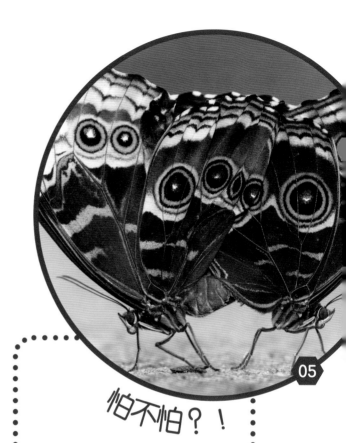

怕不怕？！

鳞片的鲜艳颜色和它所组成的奇特斑纹，还有警告猎袭者的作用。

这么花里胡哨的，吓我一大跳！

长在翅上的"大眼睛"

有些蝶和蛾的翅不但色彩斑斓，而且不同颜色的小鳞片还会组成奇特的警示图案——眼斑，看上去好像是瞪着"大眼睛"，警告那些想要靠近的捕猎者——"别惹我！"有些蝶和蛾翅上有不止一对"眼斑"呢，看上去就像是好多只眼睛盯着你。

冒牌猫头鹰

蝶和蛾翅上的"眼斑"主要起惊吓敌人的作用。有些眼斑不但很大，黑色的圆斑中竟然还套着小白斑，看上去很有"立体感"。猫头鹰蝶从"眼斑"的形状到翅的颜色都很像猫头鹰，这使它变得格外安全：丛林中谁敢去惹猫头鹰这样厉害的角色呢！

我也弄一个猫头鹰面具，看看谁还敢欺负我！

避重就轻

根据科学家的研究，在自然界中，蝶和蛾翅上的眼斑不只是用来吓唬敌人，有时还有"误导"袭击者的作用。有些蝶和蛾翅上的"眼斑"处比其他部位更容易残缺，甚至留下被小鸟啄食过的痕迹。这是因为蝶翅上的眼斑转移了袭击者的注意力，避免了身体受到伤害。有些蝶和蛾后翅的边缘部位形成突起，叫作尾突。当它们休息时，双翅合拢，尾突微微摆动，形似一个假的头部，这也能起到误导敌人的作用。

换装术

　　有些蝶和蛾的翅具有"双重"功能。翅的反面常常和环境颜色相近，当双翅合起来时，看上去与周围环境难以分辨，因此具有隐蔽的效果。而当它展开双翅，露出翅的正面时，"眼斑"和彩色的花纹又具有警告敌人的作用，常常能把猎袭者惊吓得落荒而逃。

　　使用这种"换装术"最厉害的，要算是枯叶蝶了。当它闭合双翅时，就像是一片毫不起眼的枯树叶；当它展开双翅时，就露出了色彩鲜艳的真面目。

08

去小程序里让枯叶蝶飞起来吧！

逼真的"枯叶"

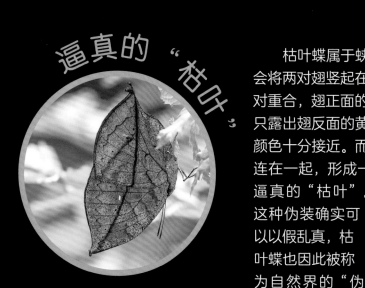

　　枯叶蝶属于蛱蝶类。它们在停歇时，会将两对翅竖起在身体的上方，前后翅成对重合，翅正面的鲜艳颜色完全被遮盖，只露出翅反面的黄褐色，和周围的枯树叶颜色十分接近。而且，前翅和后翅贴合地连在一起，形成一片十分逼真的"枯叶"。这种伪装确实可以以假乱真，枯叶蝶也因此被称为自然界的"伪装大师"。

　　翅上甚至还有一些不规则的斑块、孔洞，也和枯树叶的病斑、残缺十分相似。

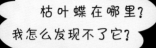

枯叶蝶在哪里？我怎么发现不了它？

翅反面的中间有一道明显的凸起，就好像是树叶的中脉，旁边还有好几道稍细的脉纹。

后翅的尾突合在一起，看上去就像是树叶的叶柄。

09

隐身在拟态

角蝉

尺蠖

像枯叶蝶这种将自己隐藏在环境中的伪装术，叫作"拟态"。拟态有助于动物躲避危险，保存自己。而且，经过长期的演化，拟态会形成一种固定的性状，遗传给后代。

除了枯叶蝶，在自然界中，还有不少昆虫也具有"模拟"环境的本领，用以避免敌害，保护自己。例如竹节虫，外观很难与细竹枝、草茎相区别；尺蠖长得粗糙结实，就像一截枯树枝；角蝉停在有刺的树枝上时，看上去真的很像树枝上长出来的刺。还有的昆虫通过模拟别的有毒有害的动物，使捕猎者不敢轻易靠近它们。

寻找透翅蝶

在一座美丽的花园中,隐藏着10只奇异的透翅蝶,你能找到它们吗?

尺蠖蛾的隐身术

尺蠖蛾不是靠"眼斑"来吓唬敌人的,它们的身体、翅从颜色到花纹,都和栖息的树皮、树叶或者岩石上的地衣很相像,不注意看还真难以发现呢!

透翅蝶

11

有一些蝴蝶的翅天生就没有或者部分没有重叠的叶状鳞片覆盖,只留下一些深色的翅脉,形成了透明或者半透明的翅。这些蝶常常被叫作"透翅蝶"。对于透翅蝶来说,透明的翅可能有助于它们在自然环境中"隐身",以躲避天敌。

毛毛虫

无论是蝶还是蛾，它们并不是一开始就长着漂亮的翅。所有的蝶和蛾都是从毛毛虫变来的，毛毛虫就是它们的幼虫。真是让人想不到吧，胖乎乎、软嘟嘟，在树枝、树叶上慢慢爬动的毛毛虫，竟然会变成色彩鲜艳、在空中轻灵飞舞的蝶和蛾！

那么，毛毛虫又是从哪里来的呢？

其实，我小时候和现在，也长得很不一样。

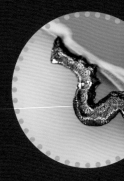

看动画，了解昆虫完全变态的过程。

变态发育

蝶和蛾到了繁殖季节，就会把卵产在叶子的背面。过了一段时间，这些卵就会孵化成幼虫，也就是我们通常所说的"毛毛虫"。幼虫的成长可以分为好几个阶段，当它不再长大时，就会形成一个蛹，把自己包裹起来。等到气候、环境条件适合的时候，蛹就会变成成虫。这就是蝶和蛾从一粒小小的虫卵变成漂亮成虫的过程，叫作"完全变态"。

毛毛虫大不同

既然世界上有那么多种不同的蝶和蛾，那么，它们的"童年"——毛毛虫，应该也各不相同了。确实，不同的毛毛虫，看上去大不一样，有的颜色鲜艳，有的颜色和树叶树枝相近；有的白白胖胖，蠕动缓慢，有的身材苗条细长，还能在树枝上翻"筋斗"呢！

看着它就让我觉得浑身痒！

毛毛……虫

不少毛毛虫的身上真的长着许多刺毛，还有的长着刺状的突起，最多的时候，一只毛毛虫身上就有几百万根刺毛！这些刺毛常常有毒性，是毛毛虫保护自己的武器。例如刺蛾的幼虫，又叫"洋辣子"，它的身上就长着许多毒刺毛，人如果不小心被这些毒刺毛碰到，皮肤立即就会红肿，而且奇痒无比。

警告和隐蔽

　　毛毛虫不但长着许多刺毛，还常常有鲜艳的色彩，或者醒目的斑点、条纹，这也是用来警告觅食者——"不要来吃我！"还有一些毛毛虫"假扮"成蛇头、蟹螯的形状，也能起到威慑作用。有些毛毛虫在受到惊扰时还会放出毒气、臭液来抵御危险。

　　更多的毛毛虫采取迷惑敌人或者隐蔽自己的方式来自我保护。它们有的全身青绿，和树叶嫩枝同色；有的颜色暗淡，和干瘪的枯枝相似。

　　作为幼虫的毛毛虫为了平安度过一生中最危险的阶段，真的是使出了各种招数。

毛毛虫成长记

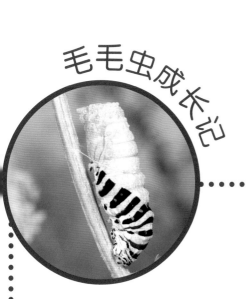

毛毛虫从卵里孵化出来，就开始吃植物的叶子。它们虽然身体看上去软塌塌的，但头上却长着一对坚硬锋利的"大颚"，能快速地切割树叶送入口中。

毛毛虫不停地吃啊吃，每天都能吃掉很多树叶，所以身体很快就长大了。原来的外皮再也包裹不住身体，于是，它们就需要不断地蜕皮，就是从原来的皮里脱出来，形成新皮，可要不了多久，新"衣服"又穿不下了，只能再次蜕皮……

桑蚕吐丝

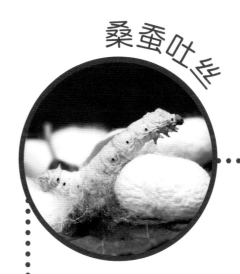

你养过蚕宝宝吗？它其实就是蚕蛾的幼虫。蚕宝宝一孵化出来就爬在桑叶上不停地吃，身体不断长大。大约经过4次蜕皮，蚕宝宝停止进食，然后它用身体里的吐丝器吐出银白色细丝。细丝越吐越多，最终包裹全身，形成一个长椭圆状的球体，这就是"茧"。蚕宝宝吐丝留下的蚕茧被人们所利用，成为制作丝绸的天然原料。

破茧而出

一只蝴蝶，从幼虫吐丝作茧、把自己包裹起来开始，它的生命就进入了一个新的阶段，叫作"蛹"。

某个时刻，茧破开了一个裂缝，裂缝变成了更大的开口。这时，软绵绵、长满刺毛的毛毛虫不见了，一只折叠着翅的蝴蝶，挣扎着从茧里一点点钻出来。

蛹在茧里面，又经过了一段重要的发育过程，最精彩的一幕即将拉开！

随后，它身体里的血液开始输送到翅脉当中，将折叠的翅慢慢撑开，一点点变硬起来。这个过程通常需要几个小时。之后，一只色彩斑斓的蝴蝶就跃然枝头了。

当一对翅变得足够硬了，蝴蝶会毫不犹豫地飞向空中，开始破茧而出成为成虫后的新生活。

当它完全脱离茧衣，用细弱的肢足颤颤巍巍抓住枝叶时，其实正在经历生命中另一个最缺乏防备的阶段，此刻的蝴蝶随时都有可能遭到小鸟、蝙蝠、蜘蛛或者其他昆虫的袭击。

从毛毛虫变成蝴蝶，这……真的是"变态"啊！

是蝶还是蛾

　　蝶和蛾的种类有很多，可是，究竟哪些是蝶，哪些是蛾呢？

　　生活中，人们常常难以分辨蝶和蛾，只要看到它们在空中飘闪舞动，或者在花丛中采蜜，或者在枝叶上停息，都习惯将它们统称为"蝴蝶"。还有人以为，颜色鲜艳漂亮的就是蝶，颜色灰暗的就是蛾。这个说法其实并不准确。

　　确实，大多数蝶的翅色泽亮丽，但也有一些颜色单调，比如我们常见的菜粉蝶就是白色的。大多数蛾的颜色比较暗淡单一，但也不乏色彩艳丽、体形飘逸的种类，如大蚕蛾。

　　那么，到底该怎样辨别蝶和蛾呢？

看视频，
长知识！

动动蛙笔记 ▶ 1 比 9

全世界总共约有20万种鳞翅目昆虫，包括了蝶和蛾两大类。其中，蝶的种类仅占到约10%，蛾的种类占到约90%。所以，蛾比蝶要多得多。

> 那么说来，我平时看到的大多数是蛾子咯！

歇息时

当蝶和蛾在空中蹁跹飞舞时，有时候确实很难分辨。不过，当它们静止下来歇息，或趴在花朵上觅食时，就比较容易将它们进行区分了。

蝶在停息时，翅是竖立着的，而且它们的翅通常比较宽大。蛾在停息时，翅常常是向下平展、倾斜的，或者相互叠盖。另外，蛾的翅通常比较狭小，前后翅是连在一起的。

"胖"和"瘦"

从体形上看，大多数蝶的身体长得比较"苗条"，腹部瘦长，而蛾的身体通常比较粗壮，腹部肥短。

触角之别

所有的蝶和蛾头部都有一对触角，这是它们的触觉器官，有的还具有嗅觉作用。不过，蝶和蛾的触角明显不同。

蝶的触角比较细长，顶端鼓起呈锤状或棍棒状，所以它们在鳞翅目中被归到"锤角亚目"里。

蛾的触角类型比较多，大多为羽毛状，或者如同梳子般的栉齿状，还有一些其他形状，如丝状、念珠状等。

昆虫的触角连着头部感觉神经系统，触角收集到的信息会立即传输到昆虫的中枢神经，使得昆虫能迅即做出反应，帮助它们觅食、避险、寻偶、飞行或爬行。

触角并不只是靠"触碰"来收集信息的。例如菜田里最常见的菜粉蝶，它们总是能迅速准确地找到油菜花，其中的奥秘，就是菜粉蝶的触角对油菜花的分泌物特别敏感，能"隔空"感知这种菜花的"气味"。有些蛾的雄性还能通过触角，远隔上万米接收到雌蛾发出的性激素，从而寻觅前去，完成交配。

动动蛙笔记

昆虫的触角

看视频，长知识！

21

昆虫的种类很多，它们的触角也五花八门。不同的触角，是区别不同昆虫类群的最基本特征之一。

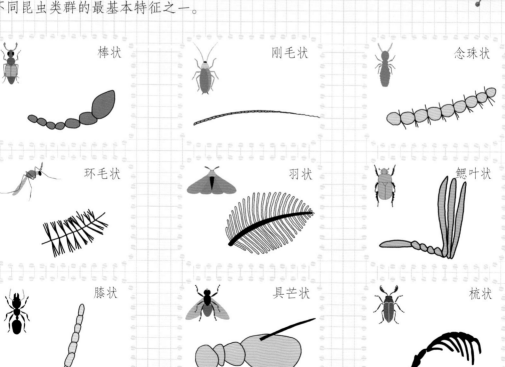

棒状　刚毛状　念珠状

环毛状　羽状　鳃叶状

膝状　具芒状　梳状

白天和夜晚

在自然界中，分辨蝶和蛾还有一个好办法。蝶喜欢在白天活动，所以你在白天看到的鳞翅目昆虫大概率就是蝶类。大多数蛾都习惯在黄昏、黎明或夜间出没，它们有很好的视觉，也有很强的趋光性。大多数蛾的嗅觉很发达，这对辨别方位和环境也有很大帮助。

舞毒蛾

舞毒蛾是一种有趣的蛾子。雄蛾喜欢在白天活动，漫天飞舞。雌蛾白天几乎从不出动，而是喜欢在晚上出没。舞毒蛾是典型的趋光性昆虫，在夜间看见光线就会趋之若鹜。所以，如果夜间在林间草地上亮起灯火，不一会儿就会有成群的飞蛾聚集而来，其中很有可能包括舞毒蛾。

飞蛾扑火

飞蛾扑火并不是一个传说，而是一种自然现象。夜间的飞蛾看见火光，会从远处飞来，并且绕着火光不停转圈飞舞，甚至会飞到精疲力竭而死。原来，习惯夜间活动的蛾子通常以月光来判断方向，并且保持与月光一定角度的飞行。如果环境中有火光或灯光，蛾子会误将火光当作月光，并且始终绕着亮光飞舞。

除了蛾子，有许多昆虫都具有趋光性，你可以在夜间的路灯下观察到昆虫的这种习性。

23

看视频，
开眼界！

翅上的眼斑是为了让别人看了害怕，这才是它们看别人的眼睛。

复眼的奥秘

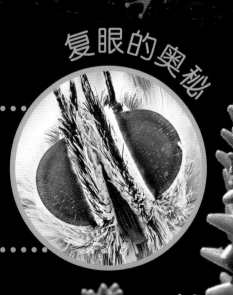

在蝶和蛾的触角下，长着一对明显而突出的圆球形大眼睛。这种眼睛叫作复眼，它是由上万只小眼组成的。复眼可以感知光线，形成图像。这样，蝶和蛾就能在空中飞舞时准确发现觅食的目标，还能及时躲避危险。

蝴蝶谷

大多数蝶和蛾从爬行的毛毛虫，到变成翩翩飞舞、四处采蜜的成虫，基本上都是在一个地方度过的。我国云南大理有一个名叫"蝴蝶泉"的地方，每年春夏之交时，那里都会聚集成千上万色彩缤纷的蝴蝶，还流传着许多美丽的神话故事。我国台湾更是世界闻名的"蝴蝶王国"，许多幽静的山谷中出产特有的珍稀蝴蝶种类。

看视频，开眼界！

24

帝王蝶大迁徙

也有少数蝴蝶会像候鸟一样迁徙。

黑脉金斑蝶有一个更响亮的名字，叫帝王蝶。它不仅翅色鲜艳，而且每年都会进行南北大迁移。

帝王蝶生活在美洲中北部的沿海地区，每年冬天到来前，它们就会聚集起来，成群地向南迁飞，目的地是温暖的美国南部地区和墨西哥，飞行距离竟然达到 3000 至 5000 千米！当几百万只迁飞的帝王蝶从空中飞过时，遮天蔽日，景象极其壮观。

到了翌年的三月、四月，气候暖和起来时，它们又会飞回北方的繁殖地。

帝王蝶居然能飞那么远，不愧是王者！不知道蛾类中，又有哪些飞行好手？

萌懂一刻

疾行粘虫蛾

　　有一种蛾，它的幼虫叫作"粘虫"，是农业上的大害虫，能大面积地破坏农作物。粘虫蛾成虫也有随季节变化进行南北迁飞的习性。它们虽然个头很小，一般不到2厘米长，但飞行速度极快，每个小时能飞行70~80千米，而且能连续不断地飞行几个小时，最远迁飞距离长达数千千米。

蝶蛾之最

　　蝶和蛾几乎在世界各地都能看到，但是以生活在热带地区的种类为最多，尤其是美洲的热带地区，那里是蝶和蛾的分布中心。中国已知的鳞翅目昆虫大约有21000多种，其中2100多种为蝶类。我国台湾盛产蝴蝶，其拥有的蝴蝶种类数约为400多种。

　　最大的蝴蝶是生活在太平洋岛屿上的一种凤蝶，翅展达到30厘米；最大的蛾是一种大蚕蛾，翅翼展开也接近30厘米。最小的蝴蝶是一种小灰蝶，翅展还不到2厘米，据说在阿富汗还发现了一种翅展不到1厘米的灰蝶呢！

大蚕蛾

小灰

鸟翼凤蝶

　　自然界中的大多数动物，雄性一般比雌性体形更大，更为强壮，像雄鸟、雄狮、雄鹿、雄猩猩等。可是，在蝶和蛾的世界里，这种情况却会在不同种类身上呈现出不同的变化。例如，有些种类的蝶或蛾，雌性的个头有时会更大，雄性则会稍小一些。有不少蝶和蛾，雌性和雄性在色彩、斑纹等方面会有明显的差异，但也有一些种类的雌性和雄性则会在外观上表现得一模一样，令人难辨雌雄。

标本大观

蝶和蛾虽然遍布世界的各个角落，但是，我们平时并不能常常见到它们。人们了解蝶和蛾，很多时候是通过蝶蛾的标本来认识它们的真面目。这些标本的最大好处，就是能够长期保存，反复观察。

蝴蝶标本制作

你知道一只蝴蝶标本是怎么做成的吗？

首先，要从野外捕获完整无损的蝴蝶，将其杀死后及时整理其姿态，并进行干燥，防止它腐烂发霉。干燥后的蝴蝶如果放置时间较长，还要先对其进行软化，然后才能开始制作。

制作过程包括插针、展翅、压平、固定、干燥和标志等，其中最重要的环节是"展翅"，也就是将蝴蝶的两对翅平展开来，不能有折叠、皱褶；要保证蝴蝶标本的姿态舒展，前后翅须左右对应，可以通过判断前翅后缘是否在一条直线上来确认。

还有一个重要的环节，就是要调整好触角伸展的姿态，使其尽可能和蝴蝶在自然状态下相似。

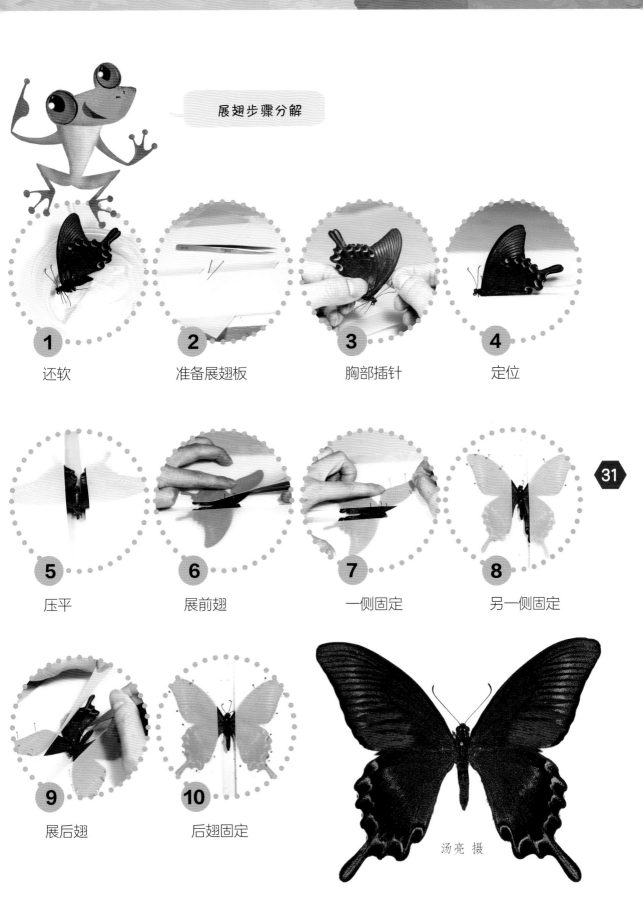

展翅步骤分解

1 还软

2 准备展翅板

3 胸部插针

4 定位

5 压平

6 展前翅

7 一侧固定

8 另一侧固定

31

9 展后翅

10 后翅固定

汤亮 摄

昆虫王国

昆虫是地球上种类和数量最多的动物群体。已知的昆虫约有 100 万种，昆虫学家根据它们各自的特点，将全世界现生昆虫分为 28 个目。现在就让我们来认识几个常见的数量较多的类群。

鞘翅目

这类昆虫常常被称为"甲虫"，已知的有 40 万种。它们的两对翅完全不同，前翅变得较为坚硬，像一层硬鞘保护着躯体；后翅呈膜质，展开时便于飞行。

鳞翅目

这类昆虫的最大特点就是翅上布满小鳞片，分为蝶和蛾两大类，已知约 20 万种。鳞翅目昆虫都是完全变态的，绝大多数种类的幼虫对粮食作物危害很大，但成虫却主要以花蜜为食。

膜翅目

这类昆虫已知的有 15 万种。顾名思义，这类昆虫的最大特征就是翅像透明的薄膜。蜂和蚁是膜翅目昆虫的代表。

直翅目

这类昆虫的前翅革质，后翅膜质。它们大多后足强健，善于跳跃，如蝗虫、蝼蛄等；还有不少是昆虫世界著名的"歌唱家"，如蟋蟀、螽斯等。

你还认识哪些别的目下的常见昆虫吗？

双翅目

这类昆虫只有一对翅，它们的后翅退化成了一对棒槌状平衡器官。双翅目昆虫已知约 16 万种，最常见的种类有蚊、蝇等。